KB134147

# 히데코의 사계절 술안주

## 夏 맥주 편

나카가와 히데코 지음

맛있는 책방

夏 맥주 편 ‖ 사계절술안주 히데코의

**1판 1쇄** 2017년 7월 10일(3000부)
**1판 2쇄** 2017년 11월 21일(2000부)
**1판 3쇄** 2018년 7월 23일(3000부)

**지은이** 나카가와 히데코

**편집** 김나영
**교열** 조진숙
**사진** 강수경
**푸드스타일링** Yong Style
**디자인** 렐리시 Relish
**인쇄** 규장각

**펴낸이** 장은실(편집장)
**펴낸곳** 맛있는책방
서울 마포구 독막로 19길 20-12번지
facebook.com/tastycookbook
02-3144-0040

ISBN 979-11-960919-1-0
2017 ⓒ맛있는책방 Printed in Korea

- 이 책은 저작권법에 따라 보호받는 저작물이므로 무단 전재와 무단 복제를 금하며,
  이 책 내용의 전부 또는 일부를 이용하려면 반드시 저작권자와 맛있는책방의 서면 동의를 받아야 합니다.
- 책 값은 뒤표지에 있습니다.

히데코의 사계절 술안주

夏 맥주편

열여덟 살부터 시작된 나의 술 인생, 이미 30년은 족히 넘었으나 스페인에서 살던 어릴 적에는 혼술이 가능한 바가 눈앞에 보여도 용기가 없어 들어갈 수 없었다. 지금에야 수많은 요리 수강생들 앞에서 자신 있게 요리를 만들고 연일 술 파티를 열지만, 어린 시절의 나는 생각보다 소심했다. 몇 해 전 내가 운영하는 요리 교실 맥주 페어링 수업을 통해 미국 크래프트 맥주를 수입하는 분을 알게 되었고, "선생님 집 근처에 세계 크래프트 맥주 마실 수 있는 집이 있는데!"라는 설명과 함께 지금은 내 술 인생에서 없어서는 안 될 작은 술집 '화실'을 소개받았다.

'화실'은 우리 집에서 5분도 채 안 걸리는 가까운 곳에 있다. 무심하게 쓰인 '화실'이라는 간판이 포인트. 크래프트 맥주 전문가에게 이곳을 소개받기 전까지는 어떤 화가의 작업실이라 생각했다. 가게 입구가 유리로 되어 들여다볼 수 있지만 단골이 아니면 왠지 들어가기 어려운 곳. 여기가 맥줏집으로 바뀌기 전에는 화가가 작업실로 썼던 곳이라 한다. 이 '화실'은 그 사정을 아는 맥줏집 주인이 간판을 바꾸지 않고 그대로 이어가고 있다.

그렇다. '화실'은 마치 Speak Easy, 즉 '은신처의 바'라 할 수 있는데, 이 Speak Easy 는 1920년 미국에서 시행한 '연방 금주법'에 유래한다. 집에서 음주는 가능했지만 술의 제조, 판매, 수출입을 금지한 이 법에 의해 비합법적인 '무허가 술집 = Speak Easy(원래는 '수근수근'의 뜻)'이 급증했다. 언뜻 보면 술집이라고 볼 수 없는 가게 로, 내부에 다른 입구가 있고 거기에서 이름과 암호를 속삭이며 들어갈 수 있었다 고 한다. 그 뒤, 1980년대 런던에서 다시 유행하기 시작하며 지금은 인기 있는 바 스타일로 전 세계적인 열풍이 불고 있다.

나는 하루 종일 분주하게 보낸 날이나 조용히 혼자 집에서 원고를 쓴 날이면 문득 이곳이 생각난다. 그렇게 지갑과 휴대전화, 집 열쇠만 주머니에 넣고 부랴부랴 '화 실'로 향한다. 남편과 함께 가는 날이 많지만 가끔 혼자서도 간다. 누군가에게 혹은 시간에 얽매이지 않고 차가운 맥주 한잔 마시면서 느긋하게 보낼 수 있는 비밀의 장소, 나만의 Speak Easy는 곧 '화실'이다.

'화실'에는 맥주와 와인, 위스키 몇 가지가 있을 뿐이다. 원하면 주인이 원두커피를 타주기도 한다. 그런데 안주가 없다. 맥주를 시키면 나초와 땅콩을 내주기도 하지 만. 술만 마시기 뭔가 아쉬운 날에는 요리 교실에서 남은 음식이나 집 냉장고를 뒤 져 오늘 밤 마실 맥주에 어울리는 안주와 재료를 가져간다.

이곳에 가면 일행이 있을지라도, 나는 맥주를 직접 잔에 따라 마신다. 보통 크래프 트 맥주는 한 병당 330ml, 두 번째 병을 다 마시면 660ml다. "자, 다음은 어느 양조 장의 맥주로 할까~" 냉장고 앞에서 망설이고 있으면 "이제 그만~!" 하고 냉장고 속 맥주들의 아우성이 들리는 듯하다. 적당할 때 멈추는 술, 그 맛이 특별하다는 것 을 알기에

*"오늘밤도 신세 많이 졌습니다"*

마음속으로 외치며 유유히 '화실'을 빠져나온다.

프렌치 요리사였던 아버지로부터 배운 깊고 넓은 술의 세계를 지금까지 함께 즐기고 있는 술친구가 남편이다. 남편과 처음 만난 장소도 마포의 바였고 요리 교실이 시작된 계기도 신혼 때부터 거의 매주 주말마다 누군가를 초대해 함께한 술 파티 덕분이다. 와인, 사케, 맥주 등 주종을 가리지 않고 거기에 맞는 음식을 생각하다 레시피가 점점 늘어가고, 결국은 누군가에게 요리를 가르치기까지 하게 되었다. 10대부터 시작된 내 술 인생을 돌이켜보면, '또 마시고 싶다'라고 감동을 받은 술에는 항상 매력적인 음식이 존재했던 것 같다.

일상의 술안주이기 때문에 편하게 만들 수 있는 간단한 것이 좋지만 맛은 있어야 한다. 이것이 이 히데코 사계절 술안주 책 시리즈의 콘셉트다. 첫 편으로 여름철에 맞춰 맥주 안주 레시피를 정리했다. 이 책을 준비하며 맥주와 관련해 시장 조사를 했는데, 단골집 '화실'에서 마셔보았던 크래프트 맥주 외에도 전 세계에서 수입하는 맥주 종류가 이렇게 많은 것에 놀라웠다. 대형 마트나 보틀 숍에 가면 맥주 전문가가 아닌 이상, 꽤 헤맬 것 같다는 생각도 했다.

제각각 맛이 다른 맥주를 과연 어떤 음식과 매칭해야 할지 막연하지만, 요점은 '맛과 맛'의 조합이어서 원칙을 파악해두면 수많은 맥주와 페어링할 때 쉬울 듯하여 간단하게 일러둔다.

---

① **Fusion** ∘∘∘ 맥주와 음식이 가진 가장 원초적인 맛을 생각하며 매칭한다. 예를 들어 감귤계 IPA에 시트러스한 레몬을 사용한 샐러드.

② **Contrast** ∘∘∘ 서로 다른 맛을 매칭한다. 단맛이 나는 요리에는 신맛이 나는 맥주, 소금의 짠맛이 강한 요리에는 신맛이 나는 맥주, 매운맛이 강한 요리에 단맛이 있는 맥주 등이다. 예를 들면 카레와 복(Bock) 맥주.

③ **Cutting** ∘∘∘ 진한 맛의 음식을 가벼운 맥주 맛으로 덜어준다. 드라이한 라이트 맥주로 기름진 음식의 느끼한 맛을 개운하게 해주는 방법. 스테이크와 라거, 튀김과 필스너 맥주가 대표적인 예다.

④ **Masking** ∘∘∘ 요리가 가지고 있는 불필요한 맛을 맥주 향으로 커버해 요리의 맛을 더욱 풍성하게 해주는 방법. 향이 강한 음식에 맥아 향이 진한 맥주 등이다. 예를 들면 굴과 스타우트, 흰 살 생선 구이와 바이젠.

⑤ **Terroir** ∘∘∘ 와인과 마찬가지로 그 땅에서 수확한 작물로 만든 음식과 국산 크래프트 맥주는 궁합이 좋다. 한국의 물로 양조한 국산 크래프트 맥주는 된장, 고추장, 고춧가루, 산초 등의 재료와 궁합이 잘 맞는다.

---

즉 "이 맥주에는 이 요리가 맞아!" 단정 짓기보다 요리의 재료나 양념, 맥주의 캐릭터를 잘 살려 메뉴를 정해보는 것도 재미있고 실패하지 않는다. 올해 여름은 '치맥'의 공식에서 벗어나는 것은 어떨까? 어쩌면 이 요리들을 통해 맥주의 다양한 매력에 빠질 수도 있을 것이다. 술안주는 무한하다. 이 책은 그 작은 조각의 일부를 보여드릴 뿐이다. 혹시 독자 여러분들께서 이 책을 통해 내가 생각하지 못했던, 기발하고 맛있는 요리가 있다면 꼭 알려주었으면 한다.

오랜만에 만나 술안주 시리즈에 대한 이야기를 나누다 바로 책을 진행하게 되었다. 마치 불도저처럼 제트기처럼 기획과 편집을 추진해준 장은실 편집장님과 요리와 촬영 스태프 사이를 오가며 원활하게 진행해준 김나영 에디터님, 오랜 경험을 바탕으로 한 스타일링으로 차질 없이 촬영을 진행해준 용스타일의 박용일 실장님과 스태프, 포토그래퍼 강수경 실장님과 스태프, 요리 촬영을 도와준 박진숙씨와 최영진씨, 그리고 새로운 맥주의 세계를 알려준 '화실' 주인과 그를 통해 알게 된 크래프트 맥주의 전문가 친구들, 레시피 정리에 많은 조언을 주고 30대 후반이 되어서야 크래프트 맥주 사업에 열중한 일본에 있는 내 동생 등 모두에게 고맙다고 전하고 싶다. 마지막으로 술친구인 남편에게 앞으로 이어지는 시리즈에도 큰 공헌을 기대하며 감사의 말을 전한다.

**나카가와 히데코**

○ Contents

## ⊘ Part 1 **Lager**

## ⏚ Part 2 **Ale**

## ◯ Part 3 **Dark Beer**

## ⊖ Part 4 **Wheat Beer**

## ⊗ Part 5 **Lambic & Sour Beer**

◊ Ale

달래,
미나리 페스토를
곁들인 조개 와인찜

58

가볍고 싱그러운 맛의 세종(Saison)은 조개,
꽃게, 초밥 등 해산물과 아주 잘 어울려요! 나물과
조개가 어우러져 여름에 산뜻하게 먹을 수 있는
안주입니다.

요리를 사진으로
먼저 만나보세요.

요리에 대한 간단한
설명을 담았어요.

이 요리에 잘 어울리는
맥주를 소개했어요.

SORACHI ACE
소라치 에이스

종류 세종
도수 7.6%
원산지 미국
소라치 에이스 홉을 사용해 샴페인 효모로 발효시키는 것이 특징이다.
레몬그라스, 딜 등의 허브 향이 두드러진다.

## Ingredients
4인분

● 주재료
가리비 8개, 백합 8개, 바지락 20개, 마늘 1쪽,
올리브유 약간

● 페스토
달래 파란 부분 50g, 미나리 100g, 마늘 1쪽,
생강 2쪽, 레몬즙 2T, 소금 1t, 올리브유 100ml

• 레시피에 적힌
순서대로 재료를 넣으면
더욱 쉽게 요리할 수
있어요.

• 양념은 고체부터
액체 순으로 되어
있어 순서대로 넣으면
계량스푼을 씻을 필요가
없어요.

### Recipe

1 › 해감한 조개는 껍질을 깨끗이 닦고 마늘은 잘게 다진다.

2 › 팬에 올리브유를 두르고 마늘을 볶다가 향이 나면
조개를 넣고 살짝 볶은 뒤 뚜껑을 덮어 익힌다.

3 › 조개 껍질이 80% 정도 벌어지면 불을 끄고 뚜껑을 닫은
채로 식힌다.

4 › 조개가 어느 정도 식으면 한쪽 껍질을 제거하고 접시에
담는다.

5 › 달래와 미나리, 마늘, 생강은 적당한 크기로 잘라 믹서에
넣고 레몬즙과 소금을 더해 살짝 간다. 올리브유를 조금씩
부어가며 완전히 섞일 때까지 갈아 페스토를 만든다.

6 › 조개가 뜨거울 때 페스토를 얹는다.

요리를 하면서 헷갈릴 수
있는 장면을 사진으로 한
번 더 소개했어요.

*Tip*

달래가 없을 때는 쪽파나 고수잎을 이용해 페스토를 만들어도 좋아요.

59

참고하면 좋은 것들이나
요리를 도와줄 팁을 더했어요.

# 계 량

맛있는 요리를 완성하는 비법은 정확한 계량이죠? 다양한 종류의 식재료 계량법을 알려드립니다.

**1컵=200ml, 1T=15ml, 1t=5ml**

| | 컵 | 테이블스푼(T) | 티스푼(t) |
|---|---|---|---|

**• 가루류**

설탕, 소금, 밀가루 등의 가루류는 꾹꾹 누르지 않고 깎아서 계량하세요. 가볍게 뜬 후 젓가락으로 윗면을 깎아주세요.

| | 컵 | 테이블스푼(T) | 티스푼(t) |
|---|---|---|---|

**• 액체류**

간장, 식초 등 액체류는 수평을 유지한 상태에서 표시선을 읽으며 계량해주세요.

| | 컵 | 테이블스푼(T) | 티스푼(t) |
|---|---|---|---|

**• 소스류**

마요네즈와 같이 되직한 양념은 떠낸 후 윗면을 깎아서 계량해주세요.

# 한 줌 계량

채소나 국수 등은 간단하게 손을 이용해 계량하기도 해요. 가볍게 한 줌 잡았을 때의 무게를 알려드려요.

잎사귀가 넓고 부피가 큰 채소류
(로메인, 양상추 등) 50g

길이가 긴 채소류
(미나리 등) 50g

국수류 (쌀국수, 소면 등)
50g

쇼트 파스타류
60g

잎이 넓은 허브류
(바질, 민트 등) 10g

버섯류
50g

# 도구

히데코의 주방에서 쉴 새 없이 바쁜 것은 요리사뿐만이 아닙니다. 요리를
만드는 데 쓰이는 다양한 도구를 소개합니다.

**무쇠 냄비**
열이 고르게 퍼지고 오래
유지되는 무쇠 냄비는
스튜나 찜 요리를 만들 때
좋습니다.

**세라믹 그릴**
영화 <카모메 식당>에 나와 카모메 석쇠라고도
불립니다. 불에 닿는 부분이 세라믹으로 되어
있어 식재료에는 불이 직접 닿지 않으며
생선이나 채소를 구울 때 사용합니다.

**나무 도마**
나무로 만든 도마로 다양한
종류와 크기가 있습니다. 세척한
후에 물기를 잘 말려주는 것이
좋습니다.

**스테인리스 트레이와 채반**
데치거나 튀긴 재료를 담기에
적당합니다. 특히 튀김을 체에 얹어
두면 쉽게 눅눅해지지 않습니다.

**튀김용 체**
뜨거운 기름 속 튀김을
건져낼 때 좋습니다.
체에 난 구멍이 크지
않아 작은 조각까지
모두 건질 수 있습니다.

**밥솥**
전통적인 일본의 도자기 밥솥입니다. 뚜껑이 이중이라
밥물이 넘치지 않는 장점이 있죠. 특히 현미밥을 지으면
고슬고슬해 맛있습니다.

**동 프라이팬**
아버지가 쓰시던 것으로 코팅되지 않은
동으로 만들었습니다. 열전도율이 높아
센 불에서 빠르게 고기를 구울 때 사용합니다.

**주걱**
파키스탄 친구가 직접 살구나무로
만들어준 주걱입니다. 앞부분이
물결무늬로 되어 있어 덩어리가
큰 식재료들을 한데 섞을 때
사용하면 재료가 부서지지 않아
좋습니다.

**집게**
나무로 만들어 부드럽기 때문에
샐러드 등의 채소를 집을 때
사용합니다.

**체**
바닥이 둥그렇지 않고 각이 진 체를 사용하면
쌀국수나 파스타를 삶아 건져낸 후 쉽게 한쪽에
놓아둘 수 있습니다.

**계량컵**
요리하면서 계량은 빼놓을 수
없습니다. 유리로 된 계량컵을
사용하면 용량을 확인하기 쉽습니다.

**시럽용 냄비**
작고 깊은 냄비로 시럽이나 양념을 끓일 때
사용합니다. 손잡이가 잡기 쉬워 요리할 때
사용하기 편리합니다.

# 맥주잔

맥주 종류만큼이나 다양한 잔이 있습니다. 맥주 종류, 향, 풍미, 색, 도수, 탄산, 묵직함, 또는 따르는 방법에 따라 전용 잔이 결정됩니다. 전용 잔에 따르면 맥주의 향과 풍미를 더욱 잘 느낄 수 있도록 해주고 거품의 비율도 조절해줍니다. 잔의 형태는 맥주를 따를 때 속도를 조절해주고 잔의 두께는 맥주를 마시는 동안 온도를 유지해줍니다. 맥주의 맛을 가장 잘 살릴 수 있는 잔에 마시면 더욱 좋겠죠?

### Lager I Weizen I Schwarz I Kohlsh I Pils I Dunkel

영어로는 실린더, 독일어로는 슈탕에(Stange)라고 부르는 이 잔은 라거 계열의 맥주와 잘 어울립니다. 바디감이 가볍고 청량감이 있어 가늘고 긴 잔을 사용하면 혀끝에 맥주의 향과 맛이 은은하게 퍼집니다. 더욱 깔끔한 맛을 느낄 수 있습니다.

### Pilsner Lager I Belgian Witbier

튤립을 닮은 모양새로 튤립(Tulip) 잔이라고도 부릅니다. 쓴맛이 강한 맥주일수록 좁은 형태의 맥주잔을 선택하는데 홉의 풍미가 입 안에서 조화롭게 퍼지도록 도와줍니다. 잔의 곡선은 맥주를 따를 때 거품이 풍성하게 생기도록 만듭니다. 도수가 높은 에일 또는 묵직한 맛의 라거에 사용합니다.

### Oktoberfest I Marzen

독일에서는 베어 잔, 미국에서는 비커(Beaker) 잔, 영국에서는 오크 잔이라고 부르는 이 잔은 두꺼운 유리로 만들어져 있습니다. 따뜻한 계절에 맥주의 온도를 차갑게 유지하는 중요한 역할을 합니다.

### Pale Ale | Lager | Stout

독일어로 베허(Becher)라고 부르는
잔으로 긴 곡선과 좁은 입구가
특징입니다. 맥주를 마셨을 때 입 안의
미각을 모두 자극해 가능한 한 다양한
향과 맛을 느낄 수 있게 해줍니다.

### Strong Ale | Belgian Strong Ale (Tripel, Dubbel, Quadruple)

벨기에에서는 성배잔이라고 불리는
이 잔은 입구가 넓어 맛보는 즉시
맥주의 강렬한 맛을 바로 느낄 수 있게
도와줍니다. 과일의 향이 느껴지고
고소한 맥아의 여운을 가진 맥주에
사용합니다.

### Pale Ale | India Pale Ale | Lambic

적당한 유선형의 곡선으로 맥주를 빠른 속도로
따를 수 있습니다. 독일어로는 포칼(Pokal)이라고
하며 잔 바깥 쪽의 림이 두꺼워 입이 닿을 때
맥주의 다양한 향을 더욱 빨리 느낄 수 있습니다.
신맛, 단맛, 쓴맛을 잘 느낄 수 있어 람빅 계열의
맥주에도 잘 어울립니다.

### Poter | Stout | Dubbel Stout

독일어로 슈벤커(Schwenker) 잔 또는 코냑 잔으로 불리며
색이 진하고 다양한 향이 있는 맥주에 잘 어울립니다. 특히
오크통에서 숙성된 맥주 중 풍미와 향이 다양한 맥주를
마시기 좋은 잔입니다.

# Lager

## Pale Lager | Pilsner

## 라거

맥주를 제조할 때 하면 발효 효모(이스트)를 사용해 만드는
것이 가장 큰 특징입니다. 라거(Lager)는 독일어로 '숙성'이라는
뜻이며, 10~15°C의 저온에서 1~2개월간 숙성해서 완성합니다.
바닥에 가라앉은 효모 등을 제거해 색이 황금빛으로 맑고
투명합니다. 도수가 낮고 청량감이 강해 -2~4°C에서 가장
맛있습니다. 라거 계열 맥주로는 맥아와 홉, 이스트, 물만을
이용해 만든 페일 라거(Pale Lager), 필스너(Pilsner), 도수가
높은 스트롱 라거(Strong Lager), 독일의 맥주 축제에서 즐기기
위해 만들어진 옥토버페스트(Oktoberfest) 등이 있습니다.

# 딥
### 살사, 과카몰레

빵이나 채소, 크래커, 나초와 같이 먹을 수 있는 딥은 미리
준비해두면 다음 안주가 나올 때까지 기다리는 시간을
지루하지 않게 해줍니다. 더군다나 불을 사용할 필요가
없어 더운 여름날, 맥주는 마시고 싶은데 안주 만들기
귀찮을 때 제격인 메뉴랍니다.

KAISERDOM PILSENER
카이저돔 필스너

종류 독일 필스너
도수 4.7%
원산지 독일

연한 황금색을 띠고 신선한 풀과 허브 향이 나며 약간의 단맛과 홉의 쌉
싸름한 맛이 잘 느껴진다.

## Ingredients

| ● 살사 주재료 | ● 살사 양념 | ● 과카몰레 주재료 | ● 과카몰레 양념 |
|---|---|---|---|
| 방울토마토 15개,<br>청양고추 1개,<br>고수잎 약간 | 다진 양파 2T,<br>다진 쪽파 1T,<br>다진 고수 줄기 2T,<br>라임즙 또는 레몬즙 2T,<br>소금 ½t, 칠리파우더 ½t,<br>올리브유 1T,<br>후춧가루 약간 | 완숙 아보카도 1개 | 살사 1T,<br>라임즙 또는 레몬즙 2T,<br>올리브유 1T,<br>소금 ½t,<br>후춧가루 약간 |

## Recipe

1 » 방울토마토는 길게 반으로 잘라 씨를 빼고 굵게 다진다.

2 » 청양고추는 씨를 제거하고 잘게 다진다.

3 » 볼에 토마토와 살사 양념 재료를 모두 넣고 잘 섞는다.

4 » 고수잎을 굵게 다져 섞으면 살사 완성.

청양고추는 기호에 따라 ½개만 넣어도 좋아요.

5 » 아보카도는 길게 반으로 자른 후 씨와 껍질을 제거하고
잘게 다진다.

6 » 다진 아보카도를 절구에 넣고 과카몰레 양념 재료를 더해
으깬다.

7 » 과카몰레는 랩을 씌우고 냉장고에 넣어 차갑게 보관한다.

집에 있는 작은 유리병이나
그릇 등을 활용해 세팅하세요.

아보카도는 포크를 활용해 으깨도
좋아요.

# 꽈리고추볶음

여름 더위에 지친 밤, 시원한 맥주 뚜껑을 열기 전에
10분만 투자하면 맥주 맛을 더욱 살려주는 일품요리를
만들 수 있답니다. 꽈리고추볶음을 만들 때는 팬에
식용유를 평소보다 조금 더 두르는 것 잊지 마시고요!

KLOUD
클라우드

종류 라거
도수 5.0%
원산지 한국

독일의 정통 맥주 제조법을 이용해 만들었다. 몰트와 홉의 진한 맛과 동시에 느껴지는 약한 신맛과 쓴맛이 특징이다.

## Ingredients

2~3인분

● 주재료

꽈리고추 400g, 마늘 2쪽, 올리브유 5T,
마요네즈 적당량

● 양념

소금·후춧가루 약간씩

## Recipe

**1** » 꽈리고추는 깨끗이 씻어 물기를 닦아낸 후 이쑤시개로
4~5곳에 구멍을 낸다.

**2** » 마늘은 얇게 저민 후 채썬다.

**3** » 팬에 올리브유를 두르고 마늘을 볶다가 색이 나면
꽈리고추를 넣고 센불로 볶는다.

**4** » 꽈리고추 껍질이 흰색으로 일어나기 시작하면 불을
끄고 소금, 후춧가루로 간한다.

**5** » 마요네즈를 곁들인다.

## 오이와
## 방울토마토
## 깨무침

싱싱한 토마토와 오이를 이용한 무침 요리로 산뜻한 맛이
특징인 라거에 곁들이기 좋은 식전 안주예요. 기호에 따라
참기름을 넣으면 맛과 향이 더욱 풍성해져요.

ESTERLLA
DAMM
BARCELONA
에스트레야 담
바르셀로나

종류 페일 라거
도수 4.6%
원산지 스페인
쌀을 이용해 최소 3주간 숙성시킨 '미식가의 맥주'다. 무겁지 않아 향
신료가 많이 들어간 음식과 잘 어울린다.

## Ingredients                                                    2~3인분

● **주재료**

오이 1개, 방울토마토 20개, 소금 약간

● **양념**

설탕 2t, 깨소금 2T, 식초 2t, 진간장 1T,
참기름 1t, 소금 약간

## Recipe

**1** » 오이는 필러로 줄무늬를 내어 길게 반으로 자른 후
0.7cm 두께의 반달 모양으로 썬다.

**2** » 오이는 소금을 뿌려 5분간 절인다.

**3** » 방울토마토는 꼭지를 떼고 길게 반으로 자른다.

**4** » 볼에 분량의 양념 재료를 넣고 섞는다.

**5** » 양념에 오이, 방울토마토 순으로 넣고 고루 섞는다.

**6** » 참기름을 두르고 버무린다.

## 멕시칸 스타일의
## 소고기 마리네이드
## 타코

모처럼 토마토 살사를 만들었다면 간단하게 타코를
만들어보는 것은 어떨까요? 양념한 소고기를 구워 살사와
함께 토르티야에 곁들이면 간식이나 식사, 라거 맥주
안주로도 좋답니다.

**SAMUEL ADAMS BOSTON LAGER**
사무엘 아담스 보스턴 라거

종류 앰버 라거
도수 4.8%
원산지 미국

진한 호박색의 맥주로 미국의 보스턴 비어 컴퍼니에서 만든다. 독특한 꽃향과 소나무 향, 캐러멜 맛이 특징이다.

## Ingredients

작은 토르티야 10장 분량

● **주재료**

소고기 채끝등심 덩어리 400g,
토르티야 10장, 양파 ½개,
고수잎 약간, 라임 또는 레몬 약간

● **소고기 숙성 양념**

커민 가루 1t, 다진 마늘 1T,
라임즙 또는 레몬즙 1개 분량,
소금 ⅓t, 후춧가루 약간,
살사 ½컵(22페이지 살사 레시피 참조)

## Recipe

**1** » 소고기 숙성 양념을 섞어 채끝등심 덩어리에 고루 묻힌 후 30분간 재운다.

**2** » 양파는 얇게 채 썰어 물에 5분간 담가 매운맛을 제거한다. 고수잎은 굵게 다진다. 라임 또는 레몬은 조각낸다.

**3** » 그릴팬을 달궈 소고기를 구운 후 적당한 크기로 썬다.

**4** » 달군 팬에 토르티야를 올려 타지 않게 굽는다.

**5** » 접시에 소고기와 토르티야를 담고 살사는 따로 그릇에 담는다.

**6** » 양파와 고수잎, 라임 또는 레몬은 작은 그릇에 담아 준비한다.

*

 토르티야에 재료가 넘치지 않도록 돌돌 말아 드세요.

# 가라아게
## 일본식 닭튀김

한국에서는 맥주 하면 치킨이지만 일본에서는 바로
가라아게입니다. 드라이하면서도 가벼운 라거나 필스너
계열의 맥주는 기름진 음식으로 느끼해진 입맛을 개운하게
해주죠. 배달 치킨도 좋지만 가끔은 집에서 신선하고
깨끗한 재료로 만든 이자카야풍의 치킨을 즐겨보세요!

**PILSENER URQUELL**
필스너 우르켈

종류 체코 필스너
도수 4.4%
원산지 체코
알싸한 향과 체코산 사츠 홉(Sazz Hop)의 쌉쌀한 맛이 잘 어우러진다.
버터와 풀, 향신료 향이 느껴진다.

## Ingredients

2인분

● **주재료**
뼈를 제거한 닭 살코기 300g,
달걀흰자 1개 분량,
레몬 ¼개

● **숙성 양념**
다진 생강 ½t, 다진 마늘 1t,
진간장 1T, 미림 1T, 청주 1T,
소금·후춧가루 약간씩

● **튀김 재료**
녹말가루 1컵, 식용유 2컵

## Recipe

**1** » 닭고기는 3cm 크기로 자른다(껍질은 기호에 따라 제거한다).

**2** » 볼에 숙성 양념 재료와 살짝 거품을 낸 달걀흰자를 넣고 잘 섞는다.

**3** » 닭고기를 넣어 가볍게 버무리고 10분 정도 재운다.

**4** » 닭고기에 녹말가루를 묻혀 170℃ 식용유에 3분간 튀긴다.

**5** » 가라아게를 건져낸 다음 5분 후에 180℃ 식용유에서 30초간 한 번 더 튀긴다.

**6** » 레몬즙을 짜서 먹는다.

닭고기는 전날 미리 양념해 냉장고에 재워도 됩니다.
튀김 기름 온도를 잴 때 튀김용 온도계가 있으면
편리하지만 없으면 조리용 젓가락을 넣어 작은 기포가
가볍게 올라오면 대략 170℃이니 참고하세요.

## 태국식 스프링롤

가벼운 라거 맥주의 영원한 단짝은 역시 튀김이죠.
부엌에서 튀김 요리라니 생각만 해도 번거롭지만 가끔은
용기를 내보는 건 어떨까요? 가족 혹은 친구들과 시원한
맥주를 마시며 함께 반죽하고 튀겨낸다면 그리 어려운
일은 아닐 거예요!

CHANG
창

종류 어정트 라거(Adjunct Lager)
도수 5.0%
원산지 태국
쌀이 들어가 강한 청량감과 깨끗한 맛이 특징인 맥주로 무더운 열대 기후의 태국에서 시원하게 마시기 좋다.

## Ingredients

10개 분량

● 주재료

다진 돼지고기 150g, 다진 새우 150g(6~8마리),
춘권피(대) 10장, 달걀노른자 1개,
식용유 3컵

● 반죽 양념

전분 1T, 다진 고수 줄기 3T, 다진 마늘 1T,
화이트 와인 1T, 피시 소스 1t,
거품 낸 달걀흰자 1개 분량, 소금 ½T,
후춧가루 약간

## Recipe

1 » 볼에 돼지고기, 새우, 반죽 양념을 넣고 잘 섞어 찰기 있게 반죽한다.

2 » 춘권피에 반죽 1t을 얹고 얇게 편 뒤 삼각형 모양으로 접고 가장자리에 달걀노른자물을 발라 돌돌 만다.

3 » 180℃의 식용유에 스프링롤을 한 장씩 넣고 노릇노릇하게 튀겨 식힌다.

4 » 스위트 앤드 사워 소스를 곁들인다.

### 스위트 앤드 사워 소스
### Sweet and Sour Sauce

재료 설탕 ¾컵, 식초 ¼컵, 다진 홍고추 2개,
다진 마늘 1T, 소금 ½t, 피시 소스 2T,
레몬즙 3T

1 볼에 설탕과 식초를 넣고 설탕이 녹을 때까지 섞는다.

2 나머지 재료를 모두 넣고 고루 섞어 완성한다.

스프링롤을 작게 만들고
싶다면 춘권피를 ¼등분한 후
반죽 1t을 얹고 가장자리에
달걀노른자물을 바릅니다.
춘권피를 반으로 접어 삼각형
모양으로 만들고 중간의 반죽을
손으로 눌러 고루 펴주면 돼요.

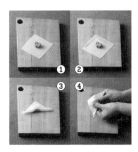

# 미니
## 스키야키
### 나베

가벼운 라거나 필스너는 튀김뿐만 아니라 스키야키와
같이 간장을 이용한 짭쪼름한 요리와도 잘 어울려요.
보통 스키야키는 여럿이 둘러앉아 먹는 즐거움이 있지만
이번에는 조그마한 미니 냄비를 활용해 혼자서도
분위기를 낼 수 있도록 해보았어요!

SAPPORO
삿포로

종류 어정트 라거
도수 5.0%
원산지 일본

일본에서 생산하며 쌀과 옥수수를 이용해 청량하고 깔끔한 뒷맛과 쓴맛이 특징이다.

## Ingredients

2~3인분

**• 주재료**

소고기 불고깃감 200g, 대파 2대, 우엉 1개, 느타리버섯 150g, 꽈리고추 8개, 단단한 두부 ½모, 달걀 2~3개, 식용유 1T

**• 양념**

설탕 1 ⅔T, 다시 1 ½컵, 간장 5T, 미림 4T

## Recipe

**1** » 양념 재료를 냄비에 넣고 설탕이 녹을 때까지 끓인다.

**2** » 대파는 3cm 길이로 어슷썰고 우엉은 칼등으로 껍질을 벗긴 후 얇게 어슷썰어 물에 담근다.

**3** » 버섯은 먹기 좋게 찢고 꽈리고추는 씻어 꼭지를 뗀다.

**4** » 두부는 물기를 완전히 빼고 직사각형으로 자른다.

**5** » 팬을 달군 후 식용유를 두르고 강한 불로 대파를 볶는다. 대파가 갈색빛이 나면 우엉과 소고기를 넣고 같이 볶는다.

**6** » 버섯, 꽈리고추를 더해 계속 볶다가 전골냄비에 볶아놓은 재료를 가지런히 담고 두부를 얹는다.

**7** » 양념을 부은 뒤 뚜껑을 닫고 중불에서 익힌다.

**8** » 달걀은 따로 그릇에 담아 스키야키를 찍어 먹는다.

### 다시 국물 내는 법

**• 기본 다시**

재료 다시마 10g, 가츠오부시 10g, 물 1L

1 찬물에 다시마를 넣어 30분 정도 우린다.

2 **1**을 중불에서 끓이다 끓어오르기 직전에 다시마를 건져내고 불을 끈다.

3 가츠오부시를 넣고 중불에서 한소끔 끓인다.

4 **3**을 체에 걸러 맑은 국물만 담아낸다.

**• 아주 간단한 다시**

재료 다시마 10g, 물 1L

분량의 물에 다시마를 넣고 10시간 정도 냉장고에서 우려낸 뒤 다시마만 건져낸다. 다시마물은 이틀 안에 사용하도록 한다.

**Tip**

모든 다시는 바로 사용하지 않으면 냉동하는 것이 좋다.

# 명란
## 파스타

가벼운 맥주에도 잘 어울리지만 라거 계열의 맥주와
조합해보았습니다. 맥아의 깊고 고소한 단맛이 더해져
짭쪼름한 명란의 맛이 더욱 돋보일 거예요!

종류 옥토버페스트
도수 5.0%
원산지 미국
독일 옥토버페스트 스타일의 맥주로 구운 빵의 고소함과 여러 가지 꽃
과 과일의 싱그러움이 느껴진다.

## Ingredients
2인분

● **주재료**
스파게티 면 200g,
명란젓 70g, 올리브유 1T,
바질 6장(또는 깻잎 4장),
소금 약간

● **스파게티를 삶을 때 필요한 재료**
물 2L, 소금 1 ⅓T

● **소스 양념**
버터(기호에 따라
무염 또는 가염) 1T,
진간장 1t~1/2T(버터 염도에
따라 조절), 후춧가루 약간

## Recipe

**1** » 끓는 물에 소금과 스파게티 면을 넣고 삶는다.

**2** » 명란젓은 껍질을 벗겨 속만 긁어낸다.

**3** » 볼에 소스 양념과 명란젓을 섞은 후 물기를 뺀 스파게티
면을 넣어 재빨리 버무린다.

**4** » 부족한 간은 소금으로 하고 올리브유를 뿌린다.

**5** » 그릇에 담고 바질 또는 깻잎을 손으로 찢어 올린다.

소스 양념은 버터의 염분에 따라 간장 양을
조절합니다. 진간장을 처음부터 다 넣지
말고 ½t 정도 넣어 간을 보면서 추가하세요.

명란 파스타는 바로 소스와 버무려내기
때문에 면을 파스타 봉지에 써 있는 규정
시간보다 조금 더 삶아도 좋아요.

## 드라이
## 카레라이스

"밥에 독한 라거라니?" 의아해하실 수 있지만
도펠복(Doppelbock)과 궁합이 은근히 잘 맞습니다.
감미롭고 고소한 맥주를 곁들이면 음식의 매운맛을 더욱
끌어올려줍니다. 드라이 카레는 일반적인 카레와 달리
오랫동안 끓이지 않아도 되기에 더욱 편리해요.

PAULANER
SALVATOR
DOPPELBOCK
파울라너 살바토르
도펠복

종류 도펠복
도수 7.9%
원산지 독일 뮌헨
진한 붉은빛의 맥주로 높은 도수 및 맥아의 고소한 맛과 단맛이
특징이다.

## Ingredients
2인분

| ● 주재료 | ● 곁들임 재료 | ● 고기볶음 양념 | ● 양념 |
|---|---|---|---|
| 다진 돼지고기 300g, 일본 고형 카레 2조각, 양파 1개, 생강 1쪽, 마늘 2쪽, 청고추 4개, 식용유 1T, 물 200ml | 현미밥 2공기, 달걀 2개 | 레드 와인 ¼컵, 카레가루 2T, 월계수잎 1장 | 간장 1t, 토마토케첩 1T, 소금·후춧가루 약간씩 |

## Recipe

**1** » 양파와 생강, 마늘은 다지고 고추는 0.5cm 크기로 잘게
썬다.

**2** » 냄비에 식용유를 두르고 양파와 마늘을 볶다가 양파가
부드러워지면 고추를 더해 계속 볶는다.

**3** » 다른 팬에 생강을 볶다가 고기를 더해 볶는다. 고기 색깔이
하얗게 변하면 와인을 붓고 조리다가 카레가루, 월계수잎을
더해 계속 볶는다.

**4** » **3**의 고기를 **2**에 넣고 물을 부어 한소끔 끓인 후 카레를
넣고 녹인다. 양념을 더해 약한 불에서 5분간 더 끓인다.

**5** » 접시에 밥을 담고 카레를 얹는다. 반숙 달걀프라이를
올리고 기호에 따라 고수잎이나 셀러리잎을 곁들인다.

 *Tip*

고기와 채소를 더한 뒤 물을 넣고 끓일 때 수분이 너무 많으면
센불에서 빠르게 볶아 수분이 날아가게 하면 돼요.

# Ale

Pale Ale | Strong Ale | India Pale Ale

## 에일

상면 발효 효모(이스트)를 사용해 만드는 맥주로 18~25°C에서 3~4주간 숙성합니다. 인간의 역사와 함께 시작된 술이라는 별명이 있을 정도로 오랜 역사를 가진 맥주로 라거보다 먼저 만들어지기 시작했습니다. 도수가 높고 색이 어둡고 탁합니다. 또한 여러 향과 풍미가 강해 개성 있는 맥주를 만들 수 있습니다. 대부분의 크래프트 비어가 바로 에일 맥주죠. 대표적으로 홉의 맛이 약한 페일 에일(Pale Ale), 홉을 2배 이상 넣어 만든 인디아 페일 에일(India Pale Ale), 도수가 높은 스트롱 에일(Strong Ale) 등이 있습니다.

# 디아블로
## 삶은 달걀 카나페

배가 부를 때 맥주에 곁들여 간단히 먹기 좋은 안주입니다. 블랙 올리브, 케이퍼 등 맛이 강한 식재료가 한데 섞인 디아블로에는 맥아와 홉의 절묘한 밸런스가 좋은 앰버 에일(Amber Ale)을 추천합니다.

BREWDOG
5AM SAINT
브루독 5am 세인트

종류 아메리칸 앰버 에일
도수 5.0%
원산지 스코틀랜드

탁한 호박색의 맥주로 자몽, 오렌지 향과 은은한 단맛이 돈다. 적당한
탄산으로 묵직한 맛이 특징이다.

## Ingredients                                                    2인분

● **주재료**
달걀 4개, 홍고추 ½개, 블랙 올리브 3개,
케이퍼 1t, 소금 · 후춧가루 약간씩

● **양념**
마요네즈 1T, 올리브유 1T

## Recipe

**1** » 냄비에 물과 달걀, 소금을 넣고 완숙으로 삶은 뒤 찬물에
식혀 껍질을 벗긴다.

**2** » 홍고추와 블랙 올리브, 케이퍼는 잘게 다진다.

**3** » 삶은 달걀은 반으로 잘라 노른자를 꺼내 볼에 넣고
포크로 으깬다.

**4** » 으깬 노른자에 **2**와 양념 재료를 더해 고루 섞는다.

**5** » **4**를 달걀흰자에 채운 뒤 후춧가루를 뿌린다.

# 참치
## 아보카도
## 와사비무침

쉽게 구할 수 있는 냉동 참치의 아카미(붉은 부위)와 참치
식감과 비슷한 아보카도를 버무린 가벼운 술안주랍니다.
생선회는 보통 라거 계열의 맥주와 함께 먹는데 페일
에일과도 잘 어울립니다. 깔끔하게 입맛을 정리해주는
인디아 페일 에일(IPA)과 함께 즐겨보세요.

## BALLAST POINT BIG EYE
### 발라스트 포인트 빅 아이

종류 아메리칸 IPA
도수 7.0%
원산지 미국

오렌지, 자몽 등 감귤류 과일과 송진의 풍미가 강하다. 쓴맛이 강하지만 캐러멜의 달콤함이 맛을 부드럽게 받쳐준다.

## Ingredients
2인분

● **주재료**

참치 붉은살 150g, 아보카도 1개, 시소 5장, 대파 흰 부분 15cm

● **양념**

와사비 1T, 간장 2T, 참기름 1T, 참깨 약간

## Recipe

**1** » 해동한 참치는 칼로 거칠게 다진다.

**2** » 아보카도는 세로로 반 잘라 씨를 제거한다. 숟가락을 이용해 속을 파낸 후 1cm 크기로 깍뚝썰기한다.

**3** » 시소는 채 썰고 대파는 잘게 다진다.

**4** » 볼에 참깨를 제외한 양념 재료를 넣고 섞은 뒤 참치와 아보카도를 더해 버무린다.

**5** » 그릇에 담아 시소와 대파, 참깨를 뿌린다.

---

*Tip*

시소 대신 깻잎이나 바질을 사용해도 좋아요.

*Tip*

집에서 참치를 해동할 때는 40℃의 미지근한 물 1L에 천일염 2T을 넣은 소금물에 냉동 참치를 1~2분간 담가두어요. 참치를 거내 물기를 제거한 뒤 냉장고에서 1시간 정도 해동시킵니다.

## 차가운
## 돼지고기 샤브샤브
## 샐러드

여름에는 시원하고 상큼한 음식이 더욱 당기죠? 얇게 썬
돼지고기를 데쳐 생강과 양파 등의 채소를 듬뿍 올린 뒤
새콤한 간장 소스를 뿌리면 그야말로 여름에 딱 어울리는
맥주 안주가 된답니다.

SAINT ARCHER
PALE ALE
세인트 아처
페일 에일

종류 아메리칸 페일 에일
도수 5.2%
원산지 미국
미국 샌디에이고의 크래프트 맥주 회사에서 만드는 맥주로 적당한 탄
산과 함께 밝은 주황빛을 띤다. 감귤, 파인애플, 꽃향이 나는 것이 특
징이다.

## Ingredients

2인분

● 주재료

샤브샤브용 돼지고기 300g, 오이 ½개, 생강 1쪽,
붉은 양파 ½개, 무순 1팩

● 양념장

와사비 1T, 간장 ½컵, 미림 ½컵, 쌀식초 ½컵

## Recipe

**1** » 분량의 재료를 섞어 양념장을 만든다.

**2** » 오이는 길게 잘라 씨를 제거한 후 얇게 어슷썰어 찬물에
담근다.

**3** » 생강은 채 썰고 양파는 동그랗게 슬라이스한 뒤 따로
찬물에 담근다.

**4** » 냄비에 물을 끓이고 옆에 얼음물을 준비한다.

**5** » 돼지고기를 펼쳐 끓는 물에 넣고 색이 하얗게 변하면
바로 건져 얼음물에 담근다. 식은 돼지고기는 체에 받쳐
물기를 뺀다.

**6** » 물기를 제거한 오이와 고기, 양파, 생강, 무순을 올린 뒤
양념장을 곁들인다.

*Tip*

남은 채소와 양념에는 소면이나 통밀국수를 넣어
비벼 먹어도 좋아요.

지중해식
포도와
자몽 샐러드

사각거리는 채소의 식감과 포도의 단맛,
자몽의 새콤함이 감귤 계열의 IPA 맥주와 잘 어울립니다.
지중해식 오징어튀김과 함께 곁들여 먹기에도 좋아요.

**JAIPUR IPA**
**자이푸르 인디아 페일 에일**

종류 아메리칸 IPA
도수 5.9%
<u>원산지 영국</u>
영국 최초의 크래프트 비어 양조장인 손브리지(Thornbridge)에서 만드는 대표적인 IPA다. 상쾌한 자몽 향과 허브 향이 화사하다.

## Ingredients
2인분

● **주재료**

포도 10알, 청포도 10알, 자몽 1개,
샐러드용 채소 200g, 다진 양파 2T, 딜 약간,
소금 약간

● **프렌치 드레싱**

디종 머스터드 2T, 유자청 ½T, 다진 생강 1t,
레드와인 비네거 1T, 올리브유 3T

**1** » 포도는 껍질째 반으로 자르고 자몽은 살만 발라낸다.

> *Tip*
> 자몽 손질법은 61p를 참고하세요.

**2** » 샐러드용 채소는 먹기 좋게 손으로 잘라 물에 담근다.

**3** » 분량의 재료를 섞어 프렌치 드레싱을 만든다.

**4** » 샐러드 볼에 포도, 다진 양파, 딜, 소금을 넣고 포도에서 즙이 나올 때까지 잘 섞는다.

**5** » 물기를 제거한 채소와 자몽을 넣고 드레싱을 뿌린 뒤 가볍게 버무린다.

### 태국식
### 골뱅이
### 쌀국수 샐러드

한국의 맥주 안주 중에서 빠질 수 없는 것이 골뱅이죠!
히데코 스타일의 골뱅이 요리는 어떻게 만들면 좋을까
고민하다 모두가 좋아하는 태국 요리에 곁들여보았어요.
쿰쿰한 향의 피시 소스와 허브 향이 가득한 페일 에일이
어울려요.

PLATINUM
PALE ALE
플래티넘 페일 에일

종류 아메리칸 페일 에일
도수 5.0%
원산지 한국
진한 황금색으로 자몽과 열대과일 향, 꽃향기가 나며 부드러운 쓴맛
이 느껴지는 것이 특징이다.

## Ingredients

2인분

● **주재료**
통조림 골뱅이 1캔, 쌀국수 50g, 부추 20g,
어린잎 채소 50g, 오이 1개, 소금 약간

● **양념 소스**
다진 홍고추 2개, 다진 마늘 1T,
마스코바도 설탕 1t, 라임즙 3T, 피시 소스 3T,
통조림 골뱅이 국물 1T

## Recipe

**1** » 양념 소스 재료는 고루 섞어 냉장고에 넣어둔다.

**2** » 쌀국수는 찬물에 10분간 불린다.

**3** » 통조림 골뱅이 국물은 1T만 남기고 골뱅이는 한입 크기로
자른다.

**4** » 부추는 5cm 길이로 자르고 어린잎 채소는 씻어 물기를
뺀다.

**5** » 오이는 길게 반으로 잘라 얇게 어슷썰고 소금을 뿌려
10분간 절인다.

**6** » 끓는 물에 쌀국수를 넣어 3분 정도 삶은 후 차가운 물로
헹궈 물기를 뺀다.

**7** » 볼에 쌀국수와 준비한 재료, 소스를 모두 넣고 잘 버무린다.

③~⑤

기호에 따라 고수잎을 넣거나 피시 소스를
분량보다 더 넣어도 좋아요. 마스코바도 설탕은
꿀보다 미네랄 함량이 높은 비정제 유기농
사랑수수당이에요! 훨씬 깊은 맛을 낼 수 있죠!

지중해식
오징어튀김
칼라마리

영국에서는 피시 앤드 칩스와 함께 먹는 쌉싸름한 에일
맥주는 사실 지중해식의 가벼운 오징어튀김과도 잘
어울려요. 마요네즈 대신 레몬즙과 소금을 살짝 뿌려
산뜻하게 드셔보세요. 오징어 손질이 조금 번거롭지만
냉동이 아닌 생오징어로 튀기면 훨씬 맛있답니다.

종류 애비 트리펠(Abbey Tripel)
도수 11.5%
원산지 벨기에
와인 효모로 2차 발효를 한 벨지안 스트롱 에일로 과일, 정향과 바닐라 향이 난다.

## Ingredients

2인분

● 주재료
오징어 3마리, 박력분 2컵, 식용유 적당량

● 양념
바질·소금·후춧가루·레몬즙 약간씩

## Recipe

**1** » 오징어는 껍질을 벗겨 몸통은 링 모양으로, 다리는 3cm
길이로 자른다.

**2** » 물기를 제거한 오징어에 박력분을 골고루 묻힌다.

**3** » 180℃의 식용유에 45초 정도 튀긴다.

**4** » 레몬즙, 소금, 후춧가루를 뿌려 먹는다. 바질을 잘게
다진 후, 소금, 후추를 섞어 바질 소금을 만든다.

**5** » 레몬즙을 칼라마리 위에 뿌린 후 바질 소금을 곁들여
먹는다.

 오징어를 손질한 후 트레이에
넣고 랩을 씌우지 않은 채로
1~2시간 냉장고에 보관하면
수분이 날아가서 튀길 때
기름이 많이 튀지 않아요!

## 구운 가지무침

가지를 구우면 자체의 수분으로 익기 때문에 더욱 진한
맛을 느낄 수 있어요. 게다가 연한 훈연 향이 배어 간장과
더욱 잘 어울린답니다. 은은하게 느껴지는 생강 향과
싱그러운 에일은 더없이 좋은 궁합을 자랑하죠!

**FIRE STONE
EASYJACK
파이어 스톤 이지잭**

종류 세션 IPA
도수 4.5%
원산지 미국

망고, 파인애플 등 열대과일 향과 자몽 향, 풋풋한 풀 내음이 느껴지는
가볍고 상큼한 맥주다.

## Ingredients

2인분

● **주재료**
가지 2개, 생강 1톨, 가츠오부시 적당량

● **양념**
진간장 약간

## Recipe

**1** » 가지는 양 끝을 잘라내고, 생강은 얇게 채 썰어 물에
담근다.

**2** » 가지를 석쇠에 얹어 중불로 굽는다. 이쑤시개로 찔렀을
때 가지에서 물이 나오고 껍질이 완전히 타면 불을 끄고
식힌다.

**3** » 태운 가지는 손으로 껍질을 벗겨 먹기 좋게 찢거나 3cm
길이로 자른다.

**4** » 가지 위에 물기를 제거한 생강과 가츠오부시를 얹고
간장을 기호에 맞게 뿌린다.

> *Tip*
>
> 가지가 뜨겁다고 물에 씻으면 안 돼요. 석쇠가 없으면
> 생선 그릴이나 오븐 토스터를 이용할 수 있어요.

## 카츠
## 샌드위치

햄버거 한입에 맥주 한 모금! 상상만 해도 기분 좋아지는
조합이지요. 집에서 반찬으로도 많이 먹는 돈가스를
식빵에 넣어 샌드위치로 만들었어요. 돈가스의 바삭함과
소스의 달콤함이 향긋한 에일과 잘 어우러지는 메뉴로
누구나 좋아할 거예요.

**LONDON PRIDE**
런던 프라이드

종류 영국 프리미엄 비터
도수 4.7%
원산지 영국
진한 적갈색의 맥주로 달콤한 과일 맛과 꽃 향기, 약한 마멀레이드 맛
이 느껴진다.

## Ingredients

2인분

● **주재료**
식빵 4장, 튀긴 돈가스 2장,
양배추잎 2장, 오이 ¼개,
양상추잎 2장

● **소스 A**
마요네즈 1T,
머스터드 1t

● **소스 B**
돈가스소스 1T,
토마토케첩 ½T

## Recipe

**1** » 양배추는 얇게 채 썰어 5분간 물에 담근 뒤 물기를
뺀다.

**2** » 오이는 식빵 길이에 맞추어 3mm 두께로 얇게
썬다.

**3** » 소스 A와 B를 각각 섞는다.

**4** » 빵에 양상추를 깐 뒤 소스 A를 바르고 오이를
얹는다.

**5** » 따뜻하게 데운 돈가스를 **4**에 얹고 소스 B를 바른다.

**6** » 채 썬 양배추를 올린 후 빵으로 덮는다.

**7** » 가볍게 누르면서 반으로 자른다.

---

### 히데코의 돈가스 비법

**1** 카츠 샌드위치용 고기는 1cm
정도 두께가 적당해요. 샌드위치가
너무 두꺼우면 샌드위치 먹을 때
입이 찢어져요.

**2** 튀김 기름의 온도는 170℃가
적당하고, 튀기는 도중에
돈가스를 2~3회 건져 올리면 더욱
바삭해져요.

④~⑤

*Tip*
돈가스를 집에서 직접 만들어도 되지만 백화점 식품
매장이나 마트에서 튀겨놓은 돈가스를 구입해 간단히
만들어보세요!

## 달래, 미나리 페스토를 곁들인 조개찜

가볍고 싱그러운 맛의 세종(Saison)은 조개, 꽃게, 초밥 등 해산물과 아주 잘 어울려요! 나물과 조개가 어우러져 여름에 산뜻하게 먹을 수 있는 안주입니다.

**SORACHI ACE**
소라치 에이스

종류 세종
도수 7.6%
원산지 미국

소라치 에이스 홉을 사용해 샴페인 효모로 발효시키는 것이 특징이다.
레몬그라스, 딜 등의 허브 향이 두드러진다.

## Ingredients

4인분

● **주재료**
가리비 8개, 백합 8개, 바지락 20개, 마늘 1쪽,
올리브유 약간

● **페스토**
달래 파란 부분 50g, 미나리 100g, 마늘 1쪽,
생강 2쪽, 레몬즙 2T, 소금 1t, 올리브유 100ml

## Recipe

**1** » 해감한 조개는 껍질을 깨끗이 닦고 마늘은 잘게 다진다.

**2** » 팬에 올리브유를 두르고 마늘을 볶다가 향이 나면
조개를 넣고 살짝 볶은 뒤 뚜껑을 덮어 익힌다.

**3** » 조개 껍질이 80% 정도 벌어지면 불을 끄고 뚜껑을 닫은
채로 식힌다.

**4** » 조개가 어느 정도 식으면 한쪽 껍질을 제거하고 접시에
담는다.

**5** » 달래와 미나리, 마늘, 생강은 적당한 크기로 잘라 믹서에
넣고 레몬즙과 소금을 더해 살짝 간다. 올리브유를 조금씩
부어가며 완전히 섞일 때까지 갈아 페스토를 만든다.

**6** » 조개가 뜨거울 때 페스토를 얹는다.

_Tip_
달래가 없을 때는 쪽파나 고수잎을 이용해 페스토를 만들어도 좋아요.

오 렌 지
코 냑
마리네이드

식사의 마무리로 홉의 쓴맛과 과일 향이 특징인
맥주와 오렌지의 산미가 어우러진 디저트를 즐기면
어떨까요? 이 디저트는 미리 만들어 냉장고에
일주일 정도 보관해두고 먹을 수 있어 더욱
좋답니다.

STRAFF
HENDRIC
TRIPEL
스트라프 헨드릭
트리펠

종류 애비 에일 비어
도수 9.0%
원산지 벨기에
벨지안 스트롱 에일로 진한 호박색이다. 꿀과 바닐라, 허브 향이 상큼
한 신맛과 잘 어우러진다.

## Ingredients                                                    2인분

● **주재료**
오렌지 3개, 통후추 약간

● **숙성 양념**
코냑 1T, 올리브유 2t

## Recipe

**1** » 오렌지는 속껍질과 줄기를 벗기고 과육만 손질해둔다.

**2** » **1**에 숙성 양념 재료를 넣고 섞어 냉장고에서 차갑게 재운다.

**3** » 먹기 직전 통후추를 적당히 갈아 올린다.

# Dark Beer

Dark Lager | Dark Ale | Stout Ale

**다크 비어**

다크 비어라고 하면 흔히 진한 검은색의 흑맥주만 떠올리지만
황금빛보다 어두운 계열의 맥주를 모두 다크 비어로
분류합니다. 맥아를 볶은 정도에 따라 진한 정도가 달라지며
고소한 탄 향과 캐러멜의 단맛이 느껴집니다. 다크 비어는
크게 다크 라거(Dark Lager)와 다크 에일(Dark Ale)로 나눌 수
있습니다. 다크 라거에는 유럽의 페일 라거에서 파생된 유럽
다크 라거, 독일식 둥켈(Dunkel)이 있고 다크 에일에는 영국식
스타우트(Stout), 벨기에식 트라피스트 듀벨(Trappist Dubbel),
독일식 복(Bock) 맥주, 미국식 다크 에일이 있습니다.

# 묵은 김치와
## 광어회

묵은 김치의 매운맛이 광어회의 비릿한 향을 잡아주고 구수한 다크 라거와도 아주 잘 어울려요! 이 요리는 제 한국 어머니라 할 수 있는 스승님에게 배웠답니다. 묵은 김치와 광어회, 다크 라거의 조화, 어떠세요?

KOSTRITZER
SCHWARZBIER
쾨스트리처
슈바르츠비어

종류 다크 라거
도수 4.8%
원산지 독일
맥아의 탄 향, 초콜릿 향과 더불어 약한 커피 향이 느껴진다. 첫맛은
달콤하지만 끝에 씁쓰름한 맛이 느껴진다.

## Ingredients
2인분

● **주재료**
광어회 150g, 묵은 김치 200g

● **된장 소스**
된장 3T, 마늘 1T, 참기름 약간, 물 약간

## Recipe

**1** » 광어회는 5mm 정도로 얇게 포를 뜬다.

**2** » 김치는 잘 씻어 물기를 짜고 5cm 길이로 썬다.

**3** » 분량의 재료를 섞어 된장 소스를 만든다.

밥, 김, 감태 등을 곁들여 함께
싸 먹어도 맛있어요.

*Tip*
김치에 회와 된장 소스를 얹어 함께
먹으면 더욱 감칠맛이 느껴져요.

## 키조개와
### 허브
### 카르파치오

카르파치오(Carpaccio)는 소고기 또는 생선을 익히지 않은
상태로 얇게 썬 뒤 올리브유와 향신료를 곁들인 요리예요.
손이 많이 가지 않는 이탈리안 메뉴죠! 회로 먹을 수 있는
신선한 키조개라면 얇게 썰어 사용하고, 신선도가 약간
떨어진다면 1분 정도 찐 후 썰어 사용하세요.

HEINEKEN
DARK LAGER
하이네켄 다크 라거

종류 다크 라거
도수 5.0%
원산지 네덜란드

캐러멜 향과 초콜릿 맛이 잘 어우러진 맥주다. 탄산이 풍부하고 은은한 쓴맛이 혀끝에 남는다.

## Ingredients

2인분

● **주재료**
키조개 관자 2개, 래디시 3개, 생딜 1T

● **키조개 관자 양념**
설탕·소금·후춧가루 약간씩

● **드레싱**
라임즙과 제스트 1개 분량, 올리브유 4T, 소금 ⅓t, 후춧가루 약간

## Recipe

**1** » 키조개 관자는 얇게 슬라이스해 설탕을 뿌려 5분간 재운 후 소금, 후춧가루를 뿌린다.

**2** » 래디시는 얇게 슬라이스한다.

**3** » 드레싱 재료를 섞는다.

**4** » 키조개 관자에 드레싱을 조금씩 뿌린 뒤 딜과 래디시를 얹어 장식한다.

라임 대신 레몬을 활용해도 좋아요. 제스트는 껍질을 얇게 긁어낸 것을 뜻해요. 즙과 제스트를 함께 사용하면 향이 훨씬 풍부해 진답니다.

# 타타키
## 오이

약간의 매운맛이 가미된 간단한 맥주 안주예요. 미리
만들어 냉장고에 넣어두면 언제든지 꺼내 먹을 수 있어
편리하답니다. 오이를 칼로 자르지 않고 밀대로 두드린 뒤
손으로 찢어 식감을 살리는 것이 포인트예요!

WILLIANBRAU
DARK LAGER
윌리안브로이
다크 라거

종류 다크 라거
도수 5.0%
원산지 벨기에
벨기에 스타일의 다크 라거로 진한 갈색을 띠고 탄산감이 좋은 맥주
다. 진한 커피와 캐러멜 향이 느껴진다.

## Ingredients

2~3인분

● 주재료
오이 2개, 홍고추 1개

● 양념장
참기름 1T, 두반장 1t, 간장 1T, 미림 1t,
쌀식초 1t

## Recipe

**1** » 오이는 꼭지를 떼고 밀대 등으로 가볍게 두드린 뒤 먹기
좋게 손으로 찢는다.

**2** » 고추는 씨를 빼고 동그랗게 슬라이스한다.

**3** » 분량의 재료를 섞어 양념장을 만든다.

**4** » 볼에 오이와 고추, 양념장을 넣고 버무려 30분 정도
재운다.

 Tip

양념장을 만들 때는 먼저 두반장과 간장을 잘 섞은 뒤 나머지
양념장 재료를 넣어요.

## 매콤한
## 오징어볶음

이 한 접시도 제 스승님이 가족을 위해 만드시던
반찬입니다. 알코올에 약한 스승님은 안주보다는 일상의
반찬을 주로 가르쳐주셨는데 어쩜 이렇게 맥주 안주에
딱 어울리는지! 특히 고춧가루와 고추, 마늘의 매콤함이
맥아의 구수함과 절묘한 궁합을 이룹니다.

NEW BELGIUM
FAT TIRE
AMBER ALE
뉴 벨지움 팻 타이어
앰버 에일

종류 앰버 에일
도수 5.2%
원산지 미국

미국에서 세 번째로 큰 크래프트 브루어리인 뉴 벨지움 브루잉 컴퍼니의 맥주로 캐러멜과 볶은 곡물의 고소한 단맛, 은은한 쓴맛이 느껴진다.

## Ingredients                                                    2인분

● **주재료**

오징어 2마리, 무 10cm, 대파 흰 부분 1개,
청양고추 2개, 홍고추 1개, 식용유 약간

● **양념장**

설탕 1t, 고춧가루 2T, 다진 마늘 ½T,
진간장 1T, 물엿 1t, 참기름 1T

## Recipe

**1** » 오징어는 깨끗이 손질해 몸통과 다리를 분리한다.
무는 껍질째 두껍게 썬다.

**2** » 찜통에 무를 깔고 오징어를 얹어 뚜껑을 덮고 익힌 후
꺼내 식힌다.

**3** » 오징어 몸통은 링으로 썰고 다리는 먹기 좋은 크기로
자른다.

**4** » 대파와 고추는 어슷하게 썬다.

**5** » 볼에 양념장 재료를 섞고 오징어와 손질한 채소를 넣고
버무린다.

**6** » 팬에 식용유를 두르고 중불에서 볶는다.

*Tip*

오징어를 미리 익혀 볶으면 수분이 많이 생기지 않아서 더욱 매콤하고 깔끔하게 만들 수 있어요.

여름 채소
카레가루
볶음

좋아하는 여름 채소를 한입 크기로 썰고 카레가루를 더해
가볍게 볶아낸 안주예요. 카레는 향이 강해 도펠복과도 잘
어울리지만 견과류의 고소한 풍미가 느껴지는 스타우트와
같이 드시면 어떨까요?

ARK BLACK SWAN
아크 블랙 스완

종류 스타우트
도수 4.5%
원산지 한국

달달한 캐러멜 향과 고소한 견과류 향이 느껴지는 깔끔한 맥주다. 쌉싸름한 다크 초콜릿과 구운 곡물의 풍미가 느껴진다.

## Ingredients                                      2인분

---

● **주재료**

애호박 ½개, 마늘 1쪽, 양파 ½개,
붉은 파프리카 ½개, 노랑 파프리카 ½개, 피망 1개,
단호박 80g, 올리브유 2T

● **양념**

카레가루 1T, 진간장 1T, 소금·후춧가루 약간씩

## Recipe

**1** » 애호박은 2cm 두께의 반달 모양으로 썰고 마늘은 얇게
편으로 썬다.

**2** » 양파, 파프리카, 피망은 사방 2cm 크기로 깍둑썰기한다.

**3** » 단호박은 씨를 제거하고 껍질째 사방 2cm 크기로
깍둑썰기한 후 접시에 담아 랩을 씌워 전자레인지에 3분간
익힌다.

**4** » 팬에 올리브유를 두르고 마늘을 볶는다. 마늘이 노릇해지고
향이 나면 건져내고 **1**과 **2**의 채소를 넣어 잘 볶는다.

**5** » 채소가 부드러워지면 단호박을 더해 같이 볶는다.

**6** » 양념을 순서대로 넣고 소금으로 간한 뒤 후춧가루를
뿌리고 불을 끈다.

 Tip

채소를 볶을 때 올리브유를
더 넣어도 좋아요. 단호박을
찔 때 전자레인지가 없으면
찜기에 6~7분간 쪄주세요.

## 양갈비
### 로즈메리, 타임
### 프라이팬 구이

로즈메리와 타임, 마늘로 양고기를 재워 잡내를 없애고
팬에 구워내는 일품요리입니다. 간단하면서도 양고기의
박력이 느껴지는 메뉴예요. 바비큐에 잘 어울리는 영국의
스코티시 에일(Scottish Ale)이나 포터(Porter)와 함께
즐겨보세요!

DIRTY BASTARD
더티 배스터드

종류 스코티시 에일
도수 8.5%
원산지 미국

미국 파운더스 브루잉 컴퍼니에서 만드는 고도수 맥주다. 잘 볶은 맥아의 묵직한 맛과 포도, 자두의 달콤한 향이 잘 어우러진다.

## Ingredients

2인분

● **주재료**
양갈비 4조각, 올리브유 약간

● **숙성 양념**
굵은 소금 ½T, 다진 생로즈메리잎 2T,
다진 생타임잎 2T, 올리브유 2T, 다진 마늘 2t,
레몬즙 1개 분량

## Recipe

**1** » 양갈비의 지방과 힘줄 등을 제거한다.

**2** » 분량의 숙성 양념을 섞은 뒤 양갈비에 바르고 2시간 정도 냉장고에 넣어 숙성시킨다.

**3** » 올리브유를 두른 팬에 양념을 덜어내지 않은 상태의 양갈비를 올려 앞뒤로 15분간 굽는다.

오븐에 굽거나 찐 감자를 곁들이면 양갈비를 더욱 맛있게 즐길 수 있어요. 로즈메리나 타임 대신 민트를 다져 숙성 양념으로 사용해도 양고기의 새로운 맛을 느낄 수 있습니다.

## 파스타
## 그라탱

생크림과 치즈가 듬뿍 들어간 파스타 그라탱은 취향에
따라서는 부담스러울 수도 있어요. 하지만 흑맥주를
곁들이면 맥아의 고소한 향과 캐러멜 향이 느끼함을
잡아준답니다.

### LEFFE BROWN
### 레페 브라운

종류 벨지안 스트롱 브라운에일
도수 6.5%
원산지 벨기에

벨기에 애비 에일로 높은 도수와 진한 풍미가 느껴진다. 잘 볶은 맥아
와 옥수수가 들어가 달콤쌉싸름한 맛이 특징이다.

## Ingredients                                        2~3인분

| ● 주재료 | ● 양념 | ● 스파게티를 삶을 때 필요한 재료 |
|---|---|---|
| 여러 가지 쇼트 | 소금·후춧가루 약간씩 | 물 2L, 소금 1 ⅓T |
| 파스타 면 200g, | | |
| 여러 가지 치즈(모차렐라, | | |
| 그뤼에르, 파르메산 등) 200g, | | |
| 생크림 2컵, 버터 20g | | |

## Recipe

**1** » 끓는 물에 소금과 파스타 면을 넣고 삶는다.

**2** » 파르메산치즈나 그뤼에르치즈 등 덩어리 치즈는 강판에
갈아 잘 섞는다.

**3** » 오븐용 그릇에 파스타 면과 생크림을 담은 후 소금,
후춧가루로 간한다.

**4** » **3**에 버터를 골고루 얹고 준비한 치즈로 덮는다.

**5** » 230~250℃로 예열한 오븐에 10~15분 구워 표면이
갈색이 되면 오븐에서 꺼낸다.

**6** » 파르메산치즈와 후춧가루를 뿌려 마무리한다.

*Tip*

파스타 면을 오븐에 한 번 더 익히기 때문에 봉지에 써 있는
규정 시간보다 1분 덜 삶아 건져냅니다. 여러 치즈 대신 한 가지
치즈를 이용해 맛을 내도 좋아요.

## 돼지고기
## 흑맥주
## 스튜

독일에서 배운 돼지고기 스튜인데요, 다크 에일을
가득 넣어 끓인답니다. 주말에 만들어 먹기 좋은 맥주
안주죠. 와인처럼 맥주도 그 나라에서 만들어진 요리와
궁합이 좋습니다. 한국의 흑맥주를 이용한 훌륭한 맛을
즐겨보세요.

**BREW ONE DAWHEAT**
**브루원 다윗**

종류 윗 스타우트
도수 6.0%
원산지 한국
여러 가지 밀 맥아를 이용한 흑맥주로 부드러운 질감이 느껴진다. 스타우트 특유의 초콜릿, 커피, 캐러멜 맛이 조화롭다.

## Ingredients

4~6인분

| ● 주재료 | ● 향미 재료 | ● 고기 밑간 | ● 양념 |
|---|---|---|---|
| 돼지고기 삼겹살 또는 목살 덩어리 1kg, 감자 3개, 밀가루 약간, 버터 20g, 식용유 1T | 양파 2개, 당근 1개, 셀러리 줄기 2개, 버터 25g, 커민씨 1t | 소금 1T, 후춧가루 약간 | 스타우트 등 흑맥주 2 ½컵, 월계수잎 2장, 소금·후춧가루 약간씩 |

## Recipe

**1** » 돼지고기는 사방 2cm 정육면체로 자른 후 소금, 후춧가루로 밑간해 10분간 숙성시킨다.

**2** » 감자는 껍질을 깎아 8등분한다.

**3** » 향미 재료인 양파는 반으로 잘라 결대로 얇게 썰고, 당근과 셀러리는 껍질을 깎아 한입 크기로 자른다.

**4** » 냄비에 버터 25g을 넣고 중불에서 가열해 버터가 녹으면 커민씨를 넣고 살짝 볶은 다음 양파를 넣어 투명해질 때까지 볶는다.

**5** » 돼지고기에 밀가루를 묻힌 후 버터 20g과 식용유를 두른 팬에 올려 센 불에 굽는다. 겉이 노릇해지면 키친타월을 깐 접시에 담는다.

**6** » **4**의 냄비에 **5**와 맥주, 월계수잎을 넣고 센 불에 끓인다. 맥주의 알코올 성분이 날아가면 재료가 잠길 정도의 맥주 양을 유지하면서 40분간 끓인다.

**7** » 당근을 넣어 10분간 더 끓이고 감자, 셀러리를 더해 눌어붙지 않게 나무 주걱으로 섞으면서 15분간 졸인다.

**8** » 소금, 후춧가루로 간한다.

*Tip*

남은 스튜는 하룻밤 지나면 부드러운 맛을 즐길 수 있지만 다음 날 소시지를 추가해 다른 종류의 다크 에일과 곁들여 또 다른 맛을 즐겨보세요!

⑤

# 간단한
## 가토 쇼콜라

스타우트는 태운 몰트를 사용해 초콜릿 풍미가 강해요.
특히 도수가 높고 진한 맛의 임페리얼 스타우트(Imperial
Stout)와 초콜릿은 최상의 궁합을 자랑하죠. 디저트로
가토 쇼콜라와 임페리얼 스타우트를 매칭한다면 당신은
이미 맥주 상급자!

종류 임페리얼 스타우트
도수 11.0%
원산지 스웨덴
진하고 달콤한 초콜릿 향, 바닐라 향, 피칸 향이 느껴져 브라우니를 먹는 듯한 느낌이 특징이다.

## Ingredients

지름 18cm

• 주재료

다크 초콜릿 120g, 버터 120g, 달걀노른자 3개, 달걀흰자 3개 분량, 설탕 75g, 박력분 60g

## Recipe

**1** » 초콜릿과 버터를 중탕으로 녹인다.

**2** » **1**이 식으면 달걀노른자를 넣고 섞는다.

**3** » 달걀흰자에 설탕을 조금씩 넣으며 거품기를 이용해 머랭을 만든다.

**4** » **3**에 **2**를 더해 살짝 섞은 뒤 체에 내린 박력분을 넣어 고루 섞는다.

**5** » 170~180℃로 예열한 오븐에 30~40분간 굽는다.

*Tip*

반죽에 좋아하는 견과류를 굵게 다져 넣어도 좋아요.

# Wheat Beer

Weizen | Witbier

**밀맥주**

밀을 더해 만든 맥주로 벨기에식 윗비어(Witbier)와 독일식
바이젠(Weizen)이 있습니다. 윗비어는 '하얀 거품이 있는
맥주'라는 뜻으로 밀뿐만 아니라 귀리, 오렌지 껍질, 고수씨가
들어갑니다. 밝은 볏짚색 또는 황금색으로 탄산이 강해
청량감이 좋습니다. 바이젠은 밀이 50% 이상 들어가는 것이
특징으로 뮌헨에서는 바이스비어(Weissbier)라고도 부릅니다.
밝은 황색에서 호박색으로 바나나와 정향 향이 나며 부드러운
것이 특징입니다. 은은한 탄산감과 달콤한 단맛이 나서 상큼한
맛이 느껴집니다.

# 딥

## 참치 마요네즈,
## 명란 크림치즈

밀의 비율이 높고 오렌지 껍질과 고수씨 풍미가 느껴지는 윗비어 특유의 은은한 향은 요리의 맛을 더욱 풍성하게 해줍니다. 참치와 명란으로 만든 딥은 약간 비릿할 수 있기 때문에 라거 또는 필스너 계열 대신 윗비어로 조합해보았습니다.

CELIS WHITE
셀리스 화이트

종류 벨지안 윗비어
도수 5.0%
원산지 벨기에
탁하면서도 밝은 황금색으로 오렌지 껍질과 고수씨의 향이 느껴진다.
약간 시큼한 향이 있어 청량감이 좋다.

---

## Ingredients Ⓐ » 참치 마요네즈                                    1컵 분량

● 주재료
참치캔 1개(100g), 리코타치즈 50g,
흑임자 1t

● 양념
올리브유 2t, 마요네즈 2t, 디종 머스터드 2t,
소금·후춧가루 약간씩

---

## Ingredients Ⓑ » 명란 크림치즈                                    1컵 분량

● 주재료
명란젓 50g, 리코타치즈 160g, 레몬즙 1T

---

### Recipe

**1** » Ⓐ 참치는 기름을 뺀 뒤 올리브유,
마요네즈, 디종 머스터드와 함께
푸드프로세서에 넣고 페스토 상태로 만든다.

**2** » 치즈와 흑임자를 더해 살짝 더 돌린 후
소금, 후춧가루로 간한다.

**3** » Ⓑ 껍질을 제거한 명란젓에 치즈와
레몬즙을 더해 잘 섞는다.

 바게트나 크래커, 데친
아스파라거스, 삶은 감자,
당근, 오이 등을 준비해 함께
먹으면 좋아요.

# 시저
## 샐러드

바이젠은 크림과 치즈가 들어간 부드러운 음식과 잘
어울려요. 베이컨 대신 파르메산치즈를 듬뿍 넣어 만든
드레싱을 뿌려 간단한 시저 샐러드를 만들어보세요.

ERDINGER
WEISSBIER
에딩거 바이스비어

종류 헤페 바이젠
도수 5.3%
원산지 독일

세계에서 가장 큰 밀맥주 양조장을 가지고 있는 독일 에딩거 바이스
비어의 대표적인 맥주다. 탁한 황금색의 맥주로 옅은 바나나와 정향
의 풍미를 느낄 수 있다.

## Ingredients
2인분

● 주재료
로메인 400g

● 드레싱
안초비 2개, 달걀노른자 1개, 마늘 오일 6T, 레몬즙 2T,
다진 양파 2T, 파르메산치즈 2T, 소금 ½t, 후춧가루 약간

## Recipe

1 » 로메인은 뿌리 쪽을 잘라내고 씻어 물기를 뺀다.

2 » 안초비는 잘게 다진다.

3 » 유리볼에 달걀노른자를 넣고 마늘 오일을 조금씩
부어가며 거품기로 섞는다.

4 » 3의 질감이 걸쭉해지면 2와 레몬즙, 다진 양파,
파르메산치즈, 소금, 후춧가루를 넣고 잘 섞어 드레싱을
만든다.

5 » 로메인은 손으로 먹기 좋게 찢은 후 완성된 드레싱을
뿌린다.

*
마늘 오일 만들기

냄비에 식용유 ½컵을 넣고 저민
마늘을 더해 마늘이 갈색이 될
때까지 약한 불로 가열한 후
체에 거른다.

*Tip*

마늘 오일을 만들고 남은 튀긴 마늘은
샐러드에 뿌려드세요!

## 연어와 버섯
### 종이포일 찜

연어와 같은 붉은 생선에도 밀맥주를 조합했습니다.
연어는 기름진 생선이지만 청주를 뿌리고 버섯과 함께
종이포일에 말아 쪄서 담백하게 요리해보았어요. 먹을 때
레몬즙을 뿌리면 벨기에 밀맥주가 가진 감귤류 향과 더욱
잘 어울립니다.

**BLUE MOON**
블루문

종류 벨지안 윗비어
도수 5.4%
원산지 캐나다

탁하고 진한 볏짚색으로 오렌지 껍질과 고수씨 향이 난다. 적당한 탄산으로 가벼운 맛이 느껴진다.

## Ingredients

2인분

● **주재료**

연어 180g(2조각), 버섯 150g, 달래 3줄기,
케이퍼 1T, 올리브유 약간

● **양념**

소금·후촛가루 약간씩,
청주 또는 화이트 와인 1T, 레몬 ¼개

## Recipe

**1** » 연어에 소금, 후촛가루를 뿌린다.

**2** » 버섯은 손으로 먹기 좋게 찢고 달래와 케이퍼는 굵게
다진다.

달래 대신 쪽파도 좋아요.

**3** » 종이포일에 버섯을 깔고 연어를 얹는다. 달래와
케이퍼, 올리브, 청주 또는 화이트 와인을 적당히 뿌린 후
종이포일을 덮는다.

**4** » 알루미늄 포일로 한 번 더 감싼다.

**5** » 달군 팬에 **4**를 얹고 뚜껑을 덮은 후 중불로 8~10분간
익힌다.

**6** » 먹기 직전에 레몬즙을 뿌린다.

# 독일
## 소시지구이와
## 매시트포테이토

바이젠 하면 독일, 독일 하면 소시지죠. 독일식 수제 소시지를 프라이팬에 구운 후 홈메이드 매시트포테이토를 곁들여 드셔보세요.

종류 헤페 바이젠
도수 5.4%
원산지 독일
독일의 헤페 바이젠 맥주로 진한 구리색이며 가벼운 청량감을 가지고 있다. 바나나와 정향 향이 강하게 느껴지며 홉의 쓴맛은 약한 편이다.

BENEDIKTINER WEISSBIER
베네딕티너 바이스비어

## Ingredients

2인분

● 주재료
수제 소시지 큰 것 4개,
감자 큰 것 2개, 식용유 약간

● 매시트포테이토 양념
버터 20g, 우유 ½컵, 소금 ½t,
넛멕가루·후춧가루 약간씩

● 양념
씨겨자 2T

## Recipe

**1** » 감자는 깨끗이 씻어 껍질째 소금물에 넣고 삶은 뒤
건진다.

**2** » 감자는 뜨거울 때 껍질을 벗긴 후 으깬다.

**3** » 감자에 버터를 넣고 우유를 조금씩 부어가며 섞는다.
소금과 넛멕가루, 후춧가루로 간한다.

**4** » 식용유를 두른 팬에 소시지를 올려 센 불에 굽는다. 겉이
노릇해지면 뚜껑을 덮고 약한 불에 1~2분간 더 익힌다.

**5** » 그릇에 소시지를 담고 매시트포테이토와 씨겨자를
곁들인다.

수제 소시지는 백화점
식품 매장이나 인터넷
쇼핑몰 등에서 구할 수
있어요.

감자는 센 불에서
익히다 물이 끓으면
약한 불로 줄여 천천히
삶아주세요.

## 돼지 목살과
## 더덕
## 고추장 구이

더덕철이면 매번 가족을 위해 만드시던 제 스승님에게 배운
반찬이에요. 더덕을 다듬는 게 조금 번거롭지만 돼지고기와
함께 양념해 버무려놓으면 일주일 이상 냉장고에
보관해두고 먹을 수 있어요. 단맛과 구수한 향이 살아 있는
흑맥주 계열과 잘 어울려요.

WEIHEN
STEPHAN VITUS
바이엔슈테판 비투스

종류 바이젠복
도수 7.7%
원산지 독일

정향, 후추 등 향신료의 향과 바나나 향이 느껴진다. 상면 발효 후 저온에서 장기 숙성시켜 맛이 진하고 도수도 높다.

## Ingredients

2인분

| ● 주재료 | ● 돼지고기 숙성 양념 | ● 양념장 |
|---|---|---|
| 돼지고기 목살 300g, 더덕 6개, 식용유 약간 | 다진 생강 1T, 후춧가루 약간 | 설탕 2t, 고춧가루 1T, 다진 마늘 1T, 진간장 1T, 참기름 1T, 고추장 2T |

## Recipe

**1** » 돼지고기 목살은 먹기 좋은 크기로 잘라 숙성 양념을 넣고 주물러 10분간 재운다.

**2** » 더덕은 껍질을 벗겨 적당한 크기로 썬 다음 비닐봉지에 넣고 방망이로 두드려 얇게 편 뒤 먹기 좋은 크기로 찢는다.

**3** » 분량의 재료를 섞은 양념장에 돼지고기 목살과 더덕을 넣고 주물러 30분간 숙성시킨다.

**4** » 팬에 식용유를 두르고 중불에서 돼지고기 목살을 굽는다. 고기가 어느 정도 익으면 더덕을 넣고 살짝 볶아 마무리한다.

*Tip*

더덕에서 끈적한 진액이 나오므로 손질할 때 비닐장갑을 끼면 좋아요. 돼지고기는 생강으로 밑간을 해두면 잡내가 제거됩니다.

# Lambic & Sour Beer

## 람빅과 사워 비어

신맛과 은은한 단맛이 특징인 맥주로 입맛을 돋웁니다. 람빅은
벨기에 브뤼셀에서 16세기에 처음 양조되기 시작한 맥주로
과일과 야생 효모를 이용해 2~3년간 자연 숙성시켜 만듭니다.
만드는 방법에 따라 발효 원액인 스트레이트(Strait), 1년산과
3년산을 더한 괴즈(Gueuze), 비정제 설탕과 향신료를 더한
파로(Faro), 다양한 과일을 더해 만든 프루트(Fruit) 또는
크릭(Kriek) 람빅으로 나뉩니다. 과일을 이용한 단맛 덕분에
누구나 즐길 수 있습니다. 사워 비어는 여러 효모를 넣어
발효하거나 효모가 묻어 있는 오크통에 넣어 최대 2년간
발효시키는 맥주로 신맛이 강한 편입니다.

# 당근 샐러드
## 라페

라페(Râper)는 프랑스어로 '채소를 강판에 밀어 얇게
채 썬다'는 의미예요. 의미 그대로 당근을 가늘게 채 썰어
새콤한 드레싱으로 버무리면 되는 간단한 샐러드입니다.
서로 닮은 맛을 즐길 수 있도록 산미가 강한 사워
에일(Sour Ale)과 함께 먹으면 잘 어울리겠지요?

OUD BEERSEL
OUDE KRIEK
우드 비어셀
우드 크릭

종류 프루트 람빅
도수 6.0%
원산지 벨기에
맥주 1L당 400g의 생체리를 듬뿍 넣어 만들며 당을 첨가하지 않아
야생 효모의 산미가 그대로 느껴진다.

## Ingredients                                        2인분

● 주재료
당근 2개, 소금 ½t, 여러 가지 견과류 1T

● 드레싱
디종 머스터드 2t, 소금 ½t, 설탕 ⅓t,
후춧가루 약간, 레드와인 비네거 1T,
올리브유 4T,

## Recipe

**1** » 당근은 껍질을 깎아 얇게 채 썰어 소금에 30분간
절인다.

**2** » 드레싱 재료 중 디종 머스터드, 소금, 설탕, 후춧가루를
먼저 넣어 섞은 다음 레드와인 비네거를 넣고 올리브유를
조금씩 부어가면서 잘 섞는다.

**3** » 견과류는 팬에 기름 없이 볶아 굵게 다진다.

**4** » 당근의 물기를 손으로 꼭 짠 후 드레싱과 견과류를 더해
버무린다.

채칼을 활용하면 당근을 쉽게 채 썰 수 있어요.

드레싱은 유화될 때까지 잘 저어야 해요.

## 토마토,
## 마늘 샐러드와
## 치즈 플레이트

치즈는 특유의 부드러운 맛으로 사워 에일의 신맛을
부드럽게 감싸줍니다. 하지만 가끔 마늘의 자극적인 맛이
더해지면 지루하지 않은 술자리가 되겠죠? 방울토마토와
마늘을 볶아낸 샐러드를 함께 곁들여보았답니다!

**TIMMERMANS TRADITION FARO LAMBIC**
팀머만스 트래디션 파로 람빅

종류 람빅
도수 4.0%
원산지 벨기에

옛날 방식으로 만드는 맥주로 시큼한 향과 잘 익은 사과 향이 느껴진
다. 약한 탄산이 있어 샴페인 같은 느낌을 준다.

## Ingredients                                           2~3인분

| • 토마토와 마늘 샐러드 주재료 | • 드레싱 | • 치즈 플레이트 |
|---|---|---|
| 방울토마토 12개, 쪽파 5줄기, 마늘 2쪽, 올리브유 1T | 올리브유 2T, 소금 ½t, 후춧가루 약간 | 에담치즈 70g, 체다치즈 70g, 브리치즈 50g, 스모크 고다치즈 40g |

## Recipe

**1** » 방울토마토는 길게 반으로 자르고 쪽파와 마늘은 잘게
다진다.

**2** » 팬에 올리브유를 두르고 마늘, 토마토 순으로 볶는다. 마늘
향이 나면 소금, 후춧가루로 간한다.

**3** » 불을 끄고 쪽파를 뿌려 그릇에 담는다.

**4** » 준비한 치즈를 먹기 좋게 썰어 곁들인다.

*Tip*
재료에 있는 치즈가
아니라도 프랑스의
카망베르처럼 일반적인
크림치즈도 괜찮아요.

# 일본식
## 감자 샐러드
### '포테이토 사라다'

일본풍의 감자 샐러드입니다. 양파와 오이는 소금에
절이고 달걀을 마지막에 섞어주세요. 지갑과 의논해
햄 대신 삶은 문어 다리를 더하면, 스페인풍 감자 샐러드로
대변신!

종류 플레미시 사워 레드 에일
도수 7.6%
원산지 미국
1~2년간 숙성한 맥주와 8개월간 숙성한 어린 맥주를 섞어 만든다. 신
맛과 단맛, 시큼한 체리와 건포도 향이 난다.

## Ingredients

2~4인분

● 주재료

감자 3개, 달걀 2개, 오이 ½개, 양파 ¼개, 햄 2장,
소금 약간

● 양념

마요네즈 3~4T, 씨겨자 1t, 소금 ½T,
후춧가루 약간

## Recipe

**1** » 감자는 깨끗이 씻어 껍질째 찐 뒤 뜨거울 때 껍질을 벗겨
으깬다.

**2** » 냄비에 물과 달걀, 소금을 넣고 완숙으로 삶은 뒤 찬물에
식혀 껍질을 벗긴 후 적당한 두께로 슬라이스한다.

**3** » 오이는 반으로 잘라 얇게 썰고 양파는 얇게 채 썬다. 각각
소금에 10분 정도 절인 후 물기를 뺀다.

**4** » 햄은 정사각형 모양으로 작게 썬다.

**5** » 감자가 식으면 **3**과 **4**, 양념 재료를 모두 넣고 섞는다.
그릇에 담고 썰어둔 삶은 달걀을 손으로 찢어 위에 얹는다.

## 스페인
## 로메스코 소스를 곁들인
## 아스파라거스 구이

스페인 카탈루냐 지방의 로메스코 소스(Romesco Sauce)는 대파숯불구이(칼솟타다)와 고기 요리의 소스로도 유명하죠. 와인 비네거로 산미를 조절하는 로메스코 소스는 같은 산미가 있는 사워 에일과 아주 잘 맞습니다.

종류 람빅 괴즈
도수 4.5%
원산지 벨기에

자연 발효 맥주인 람빅 중 드물게 설탕이 들어가 달콤한 맛이 나는 스윗 람빅으로 시큼짭짤한 맛이 입 안을 감싸며 입맛을 돋운다.

## Ingredients

4인분

● **주재료**

아스파라거스 400g, 굵게 다진 볶은 아몬드 50g,
올리브유 2T, 소금 · 후춧가루 약간씩

● **로메스코 소스**

구운 붉은 파프리카 1개,
굵게 다진 볶은 아몬드 2T, 바게트 2장,
토마토 2개, 설탕 1T, 레드와인비네거 2T,
올리브유 3T, 소금 약간

## Recipe

**1** ›› 볼에 로메스코 소스의 소금과 레드와인 비네거를 제외한 모든 재료를 넣고 랩을 씌워 냉장고에 2시간 정도 재운다.

**2** ›› **1**을 믹서에 간 뒤 소금, 레드와인 비네거로 간한다.

**3** ›› 소금물에 아스파라거스를 1분간 데쳐 물기를 뺀다.

**4** ›› 팬에 올리브유를 두르고 아스파라거스를 노릇하게 굽는다.

**5** ›› 접시에 아스파라거스와 로메스코 소스를 담고 올리브유와 후춧가루, 굵게 다진 볶은 아몬드를 뿌린다.

 *Tip* 파프리카는 세라믹 그릴 위에서 껍질이 검게 탈 때까지 구운 후 손으로 껍질을 벗겨주세요.

# 닭고기
# 데리야키

"에? 간장 맛의 데리야키를 람빅과 같이?" 놀라지 마세요. 데리야키 치킨처럼 달콤하면서 짭짤하지만 조금은 느끼할 수 있는 메뉴를 과일의 풍미가 가득한 람빅 맥주와 함께 먹으면 정말 잘 어울리죠. 소스 비율을 기억해둔다면 생선 데리야키에도 응용할 수 있습니다.

LIEFMANS
FRUITESSE ON
THE ROCKS
리프만스 프루테스
온 더 락스

종류 프루트 비어
도수 3.8%
원산지 벨기에

새콤달콤한 체리 향이 두드러진다. 도수가 낮고 탄산이 많아 상큼하게 즐기기 좋다.

## Ingredients

2인분

● 주재료
닭 다릿살 300g

● 양념장
설탕 1T, 진간장 1 ½T, 미림 1 ½T, 청주 1 ½T

## Recipe

**1** » 닭 다릿살은 지방을 제거하고 살 부분을 포크로 찔러 양념이 잘 배도록 한다.

**2** » 분량의 재료를 섞어 양념장을 만든다.

**3** » 달군 팬에 닭 다릿살의 껍질 부분이 아래로 가게 올리고 중불에 3~4분간 뒤집어가며 굽는다.

**4** » 닭 다릿살이 반 이상 익으면 약한 불로 줄이고 양념장을 넣는다. 양념장을 닭고기 껍질에 끼얹어가며 졸인다.

닭고기는 가능하면 조리 전 상온에 두면 속까지 잘 익힐 수 있어요. 껍질은 싫으면 제거해도 됩니다. 굽는 과정에서 기름이 나오면 키친타월로 닦아가며 구우세요.

## 채소 피클

이것 또한 "옛?" 소리가 들릴 듯한 맥주 안주인가요? 일본에서 요즘
유행하는 사워 에일 중 람빅 괴즈의 안주로 늘 스시에 곁들이는
새콤달콤한 초생강을 떠올렸어요. 그래서 고민해봤습니다.
'계절 채소로 만들어 오래 보관할 수 있는 홈메이드 피클을 만들면
어떨까?' 기호에 맞는 다양한 채소를 더해 만들어보세요!

**LINDEMANS KRIEK**
린데만스 크릭

종류 람빅
도수 3.5%
원산지 벨기에

체리의 단맛과 오크 향이 진하게 느껴지며 도수가 낮아 누구나 가볍게 즐기기 좋다.

## Ingredients

1L 병

● **주재료**
작은 양파 7개(큰 양파 2개),
당근 1개, 오이 3개, 셀러리 2개,
레몬즙 2큰술

● **피클물**
물 700ml, 쌀식초 80ml,
사과식초 40ml

● **피클 양념**
소금 1T, 설탕 3T, 통후추 15알,
마늘 1쪽, 월계수잎 1장,
홍고추 3개, 팔각 1개, 카다몸 4개,
정향 5개, 말린 딜 ½t

### Recipe

**1** » 양파는 껍질을 벗기고 뿌리 쪽 ⅓에 십자 모양 칼집을 넣는다. 당근은 껍질을 벗기고 길게 반으로 자른다.

**2** » 오이는 양 끝을 자른 후 가로세로로 4등분한다. 당근은 오이 길이에 맞춰 6~8등분한다. 셀러리는 잎을 떼고 필러로 줄기의 껍질을 제거한 뒤 길게 반으로 자른다.

**3** » **1**과 **2**의 채소에 소금을 충분히 뿌려 절인 다음 물기를 꼭 짠다.

**4** » 열탕 소독을 한 유리병에 채소를 모두 넣는다.

**5** » 피클 양념 재료를 냄비에 넣고 한소끔 끓인 후 상온에서 식힌다. 레몬즙을 더해 **4**에 붓고 냉장 보관한다.

*Tip*
피클은 냉장 보관하면
1~2주 먹을 수 있어요.
병에 담은 뒤 공간이
남으면 손질한 채소를
추가해도 됩니다.

*Tip*
쌀식초에 신맛이 덜 나는
사과식초를 섞으면 더욱 가벼운
맛의 피클을 만들 수 있어요. 맛이
강하지 않기 때문에 고추를 넣어
매콤함을 더해도 좋아요.

## 쇼콜라 무스

앞에서 초콜릿 풍미의 스타우트에 가토 쇼콜라를 곁들였지만 산딸기 향의 맥주에도 초콜릿이 정말 잘 어울린답니다. 초콜릿 무스 한입, 그리고 프루티한 맥주 한 모금. 혀 위에 남아 있는 초콜릿 풍미에 맥주의 상큼한 과일 맛이 합쳐져 멈출 수 없을 거예요. 과음 주의하세요!

FOUNDERS
RUBAEUS
파운더스 루베우스

종류 프루트 비어
도수 5.7%
원산지 미국

라즈베리를 듬뿍 넣어 만든 에일 계열의 맥주로 맑은 진홍색을 띤다.
단맛과 신맛이 조화로워 디저트와 잘 어울린다.

## Ingredients

100ml 컵 8개 분량

● **주재료**

다크 초콜릿 200g, 달걀 4개, 생크림 200ml,
설탕 1T

● **토핑 재료**

휘핑크림

## Recipe

**1** » 초콜릿을 중탕으로 녹이고 달걀은 흰자와 노른자를
분리한다.

**2** » 초콜릿이 식으면 달걀노른자를 섞는다.

**3** » 볼에 생크림을 넣고 거품기를 이용해 휘핑크림을
단단하게 만든 후 **2**를 더한다.

**4** » 다른 볼에 달걀흰자를 넣고 설탕을 조금씩 부으며
거품기를 이용해 머랭을 만든다.

**5** » **3**번 볼에 머랭을 2~3번 나눠 넣으며 섞는다.

**6** » 유리나 도자기 컵에 부어 냉장고에서 2시간 정도
굳힌다.

*Tip*

휘핑크림을 단단하게 휘핑한
후 토핑으로 올리면 좋아요.

○ 추천 보틀 숍

- **BEER TO GO 비어투고**
  서울 마포구 양화로21길 31

- **Brew Studio 브루 스튜디오**
  서울 영등포구 문래로 164 3층 E08호 / 070-8888-7173

- **Wine & More 와인앤모어 한남점**
  서울 강남구 도산대로 405 / 02-548-3993

- **Wit Wheat 위트위트**
  서울 마포구 월드컵로19길 74 2층 / 070-5121-5627

---

○ 추천 펍

- **NEWTOWN 뉴타운**
  서울 서대문구 연세로12길 27 / 010-7235-9980

- **LINGO 링고**
  서울 관악구 봉천로 518-4 / 070-8108-5318

- **Be a Chef 비어셰프**
  서울 종로구 윤보선길 34-1 / 02-725-6510

---

○ 협찬사

- **글로벌 크래프트 코리아**
  서울특별시 영등포구 영중로 10길 6, 302호 / 02-2068-9998

- **은곡도마**
  경기도 양주시 청담로 308-122 / 031-858-6019

- **Riedel 리델**
  서울특별시 영등포구 여의나루로 67, 신송빌딩 803호 / 02-786-3136

- **케그 스테이션**
  서울 서대문구 연희맛로 23 / 02-332-7138

○
맥주 감수 **김용오**

═══════════════

2015 필스너 우르켈 골드퀄리티 전국 1위
2016 하이네켄 스타서브 전국 1위
2016 기네스 마스터 골드퀄리티
독일 비어 소믈리에 2nd 디플롬 자격 취득
현재 더 캐스크 운영

**The Cask 더 캐스크**
다양한 수제맥주와 생맥주를 즐길 수 있는
드래프트 펍(Draft Pub)이다. 장인정신이 가득한
김용오 비어 소믈리에가 직접 관리하는
다양한 맥주를 맛볼 수 있다.

서울 마포구 잔다리로3안길 27 / 02-1644-7574

○ Index